ESSAI

D'ÉCONOMIE RURALE

ET SOCIALE

OUVRAGE COURONNÉ PAR LA SOCIÉTÉ ACADÉMIQUE DE LA MARNE

PAR M. E. BABLOT-MAITRE

Agriculteur à Jonchery-sur-Suippe

Membre titulaire de l'Académie nationale de Paris; membre correspondant de l'Institut des Provinces, de la Société d'Agriculture, Commerce, Sciences et Arts de la Marne; lauréat de nombreux concours et auteur de l'*Etude sur la Champagne agricole et sur l'Economie Rurale et Sociale*

« *Cum labore terra dat panem, carnem et vinum.* »

CHALONS-SUR-MARNE

J.-L. LE ROY, IMPRIMEUR-LIBRAIRE

1869

ESSAI

D'ÉCONOMIE RURALE ET SOCIALE

Quelles sont les causes, et que peut être la conséquence de l'élévation toujours croissante du prix des objets nécessaires à la vie ?

Etablir la réalité du fait. Les causes sont-elles générales ou locales, temporaires ou permanentes ?

« *Cum labore terra dat panem, carnem et vinum.* »

Il fut un temps, de triste mémoire, où le peuple en délire, d'un empire en ruine, s'écriait avec frénésie : *Panem et circenses :* Du pain et des spectacles !

Loin de moi la pensée de vouloir retracer ici le tableau navrant d'une nation déchue, que l'histoire doit voiler à jamais ; loin de moi l'idée d'établir un parallèle entre ce siècle et nos temps modernes.

Pour un observateur attentif, il est cependant une remarque incontestable à laquelle le passé a toujours donné raison : c'est que l'importante question des subsistances est inhérente, intimement liée, et tellement subordonnée au progrès ou à la décadence des mœurs d'un Etat, que de la marche de ces deux mobiles, dépend nécessairement la variation des prix des objets nécessaires à la vie.

Or, contrairement au peuple romain, nous dirons avec plus de raison : *Cum labore terra dat panem, carnem et vinum.*

Notre épigraphe renferme en quelques mots tout le programme, l'esquisse de la question à résoudre.

Oui, « *c'est le travail de la terre qui donne le* « *pain, la viande et le vin.* »

C'est donc de ce côté que nos regards doivent naturellement se porter.

Commençons d'abord à énumérer quelques considérations générales sur l'agriculture, le premier, le plus noble des arts et la mère nourricière de tous les peuples.

D'autre part, l'élévation toujours croissante du prix des principaux aliments de l'homme, dont on s'inquiète à juste titre en France, se rattache évidemment aussi pour beaucoup à l'état de notre population, problème grave que nous allons étudier à ces divers points de vue, et dont nous essaierons de chercher la solution.

La première loi que Dieu donna à l'homme fut celle de cultiver la terre : l'agriculture est donc contemporaine de la création.

Tout peuple qui, fidèle à ce commandement divin

ordonné à nos premiers pères, a placé dans l'agriculture la première condition de son existence, a toujours été libre et fort.

Par contre, tout peuple qui a déserté l'agriculture a toujours été un peuple faible et tourmenté.

Tous les auteurs profanes anciens, Xénophon, Cicéron, Caton, Virgile, etc., ont tous partagé le même sentiment pour affirmer que « lorsque l'agri-
« culture fleurit, tous les autres arts fleurissent avec
« elle, et lorsqu'elle est abandonnée, tous les autres
« travaux, tant sur terre que sur mer, s'anéantis-
« sent en même temps. »

Mais n'en trouvons-nous point de témoignages dans les livres saints et dans Dieu lui-même ?

Moïse, le législateur, ne fonde-t-il point son gouvernement sur l'agriculture ?

Le grand roi Salomon, surnommé le Sage, ne recherche que dans l'agriculture le bonheur et le bien-être de ses sujets. Aussi a-t-il dit avec raison :
« Le peuple qui cultive la terre sera rassasié de
« pain, mais celui qui l'abandonne court après la
« famine et ne se repaît que de vent. »

Le Christ lui-même était l'ami des champs. Pendant les trente années qu'il passa sur la terre, ne s'occupa-t-il point de la confection des instruments de culture dans la boutique d'un charpentier ?

Bossuet nous apprend que, dans les premiers temps de l'Eglise, les chrétiens se souvenaient encore des charrues que Jésus avait faites.

Toutes les paraboles de l'Evangile ne sont-elles point tirées des campagnes? des plantes, des arbres? tantôt prenant pour comparaison la vigne, le figuier, tantôt l'ivraie et le bon grain, etc.

Notre foi chrétienne nous apprend donc aussi que l'agriculture est notre nourricière, et que c'est elle qui ravit au sol la séve de la vie renfermée dans son sein.

C'est Dieu qui a créé la terre, qui fait lever le soleil, tomber la pluie qui féconde et enrichit le sol. Le laboureur jette sa semence dans le sillon qu'il a creusé, mais c'est le Créateur suprême qui fait croître et mûrir!

L'agriculture doit être la base de notre organisation sociale; à elle seule est confiée le noble soin de nourrir le genre humain et d'entretenir dans chaque individu la lampe mystérieuse appelée : *la vie.*

Les nations qui ont le mieux répondu à l'obligation de chercher leur bien-être dans le sol de la patrie, ont toujours été les plus civilisées.

Nous avons dit que le travail de la terre remontait aux temps les plus reculés, il a donc toujours été et sera toujours la condition naturelle de la race humaine.

L'agriculture est plus qu'un art, c'est la plus antique, la plus étendue, la plus féconde de toutes les sciences, c'est la plus grande des industries. A elle seule elle occupe plus de bras et donne non-seulement les produits les plus nécessaires, le *pain* de chaque jour, mais encore plus de produits que toutes les autres ensemble. C'est encore la plus noble des professions.

Stable comme la terre qui lui sert de base, pure comme le soleil qui l'éclaire, libre comme l'air qui la féconde, elle mûrit la raison, fortifie le caractère et élève l'âme vers le Créateur par le spectacle continu des merveilles de la création.

« Enfin l'agriculture, disait il y a quelque temps « un personnage éminent (1), est l'assise de granit « sur laquelle l'Etat repose. »

Le premier besoin d'un peuple consiste à se procurer abondamment et au meilleur marché possible les subsistances qui lui sont nécessaires.

« La seule chose qui manquait à l'Exposition « universelle, disait un écrivain, c'est un pain et un « pot-au-feu à bon marché.

Peu importe que le commerce et l'industrie deviennent de plus en plus florissants, si la France est obligée d'exporter chaque année une grande quantité de numéraires pour aller chercher à l'étranger le pain et la viande qui nous manquent (2).

Une chose qu'il ne faut point oublier, c'est que si

(1) M. Drouyn de L'Huys.

(2) Au point de vue de production, il faut considérer que nous vendons nos blés à très-bas prix dans les années d'abondance et que nous payons fort cher les blés exotiques à la suite d'années mauvaises. En 1867, nous avons acheté à l'étranger 28 fr. l'hectolitre que nous lui avions vendu 16 fr. l'année précédente. Or, il nous a fallu acheter plus de dix millions d'hectolitres, soit une perte sèche de 120 millions pour l'agriculture, d'où l'on doit conclure à l'avantage de l'établissement de magasins généraux.

les manufactures peuvent augmenter la richesse d'un pays, elles seules, réduites à leurs propres ressources, ne pourraient le faire vivre, car l'agriculture *crée*, l'industrie *transforme* et le commerce *distribue*.

Donc tout Etat qui voudra assurer la prospérité et la tranquillité publique, devra rendre l'agriculture riche et féconde.

La vie à bon marché, c'est la pensée du jour, pensée généreuse s'il en fût ; mais examinons d'abord si elle est bien comprise, et nous chercherons ensuite le moyen efficace de résoudre ce problème. Il est désirable sans doute que chaque homme pût vivre de son travail ; mais c'est moins en désirant l'abaissement du prix des denrées alimentaires de première nécessité, que de les maintenir à un taux renumérateur, tant pour le producteur que pour le consommateur ; il faut évidemment que chacun y trouve son compte.

Quand les denrées alimentaires sont à bas prix, l'ouvrier travaille peu, alors l'extrême bas prix du blé, au lieu de produire de l'aisance, n'a souvent pour résultat que de faire naitre l'intempérance. Ce que le boulanger reçoit en moins, c'est le cabaretier qui le reçoit en plus, et il n'est pas rare que le temps où la famille devrait jouir de plus d'aisance, soit pour elle celui de la gêne et de la misère.

S'il n'est pas possible, pour le bonheur de tous, d'empêcher les grandes fluctuations, on devrait, pour y obvier, étendre la culture intensive (dont nous parlerons plus loin), et partant augmenter la production qui s'écarterait moins des besoins de la consommation. Mais pour que la culture devienne intensive dans une contrée, il faut que la population s'y accroisse.

Malheureusement, de nos jours, on ne se préoccupe plus assez de la famille, on ne s'occupe que du présent, on ne songe point à l'avenir. Cependant, la *famille, principe* et *source* de toute *population*, est la première des sociétés; ce n'est point une chose éphémère que nous voyons quelquefois, c'est une institution d'autant plus forte dans le présent, qu'elle a des racines plus profondes dans le passé; la famille est donc une fondation durable, et à cause de cela, elle implique la transmission des intérêts matériels et des traditions morales.

Aussi est-ce le désir du père de famille de voir l'œuvre à laquelle il a voué sa vie passer à ses enfants et continuer par eux.

La famille, en un mot, est la source de la patrie. Créer la famille, c'est créer la patrie, car un homme sans famille ne tient à personne, ni à son passé par ses pères, ni à son avenir par ses enfants, tandis que l'homme qui aime la famille tient à son passé par mille chaînes diverses des plus puissantes. La constitution de la famille est donc l'exemple de toute société, telles sont les familles, telles sont les sociétés, telles seront donc aussi les nations.

La vie de la campagne est la vie primitive, telle qu'elle a été constituée par l'autorité divine en la personne de nos premiers pères. Par leur désobéissance à l'ordre de Dieu, la terre, condamnée à ne porter que des ronces et des épines, ne s'est améliorée qu'après bien des années, et non par le fait d'un seul homme, mais de bien des générations.

De nos jours, une chose que l'on oublie trop, c'est que la population engendre toujours la richesse du sol et que la richesse du sol est loin d'engendrer toujours la population.

Tous les esprits que préoccupent justement les intérêts de la patrie et de la propriété, ne peuvent s'empêcher d'être inquiets pour l'avenir.

Où il n'y a plus d'esprit de famille, il n'y a plus de liens de famille, et partant ces éléments de dissolution ont pour conséquence certaine de rompre les liens sociaux sans lesquels il n'y a plus d'ordre et de stabilité. Et le patriotisme recevra de rudes atteintes causées par l'égoïsme.

La grande plaie de notre époque, c'est la diminution des familles ; de là l'abandon, la perturbation, la dépréciation des biens-fonds et patrimoniaux et l'augmentation des subsistances.

Par un renversement étrange des lois naturelles, il semble aussi que ce soit seulement dans les villes qu'il y ait place pour tous, tandis que la vaste étendue des champs devient déserte.

Les populations urbaines l'emportent donc de

plus en plus sur les populations rurales; attirées par le luxe, elles s'adonnent plus facilement à la débauche, les naissances y sont moins nombreuses, la vie moyenne plus courte, la proportion des mariages moins grande, et le rapport des enfants naturels aux naissances légitimes plus considérable.

Voilà les effets directs du luxe, de cette terrible maladie sociale sur les populations. Toutes ces misères ont pour cause la perte de la foi, dont la conséquence inévitable est la corruption des mœurs, l'oubli des devoirs.

Cette population urbaine, lorsqu'elle se livrait à l'agriculture, *produisait beaucoup et consommait peu, aujourd'hui elle consomme beaucoup et produit peu.*

Si la rareté des bras continue dans les campagnes, oh! alors, les produits de la terre suivront la même progression et le bien-être public de la France en souffrira beaucoup, car il faudrait de toute nécessité et plus que jamais, avoir recours a l'importation des céréales, c'est-à-dire des denrées indispensables à la vie.

Je dois ajouter ici qu'il serait illusoire de compter sur l'importation étrangère comme cause du bon marché, témoin l'Angleterre, qui a recours pour une partie notable de son alimentation, est le pays où il fait le plus cher vivre, et pareille chose aura lieu partout où l'on aura plus à compter sur l'étranger que sur soi.

Le principal moyen de conquérir la vie à bon marché, c'est donc d'augmenter le nombre des producteurs et de diminuer celui des consommateurs qui ne produisent pas ; en d'autres termes, c'est d'augmenter la population agricole en modérant le courant qui grossit outre mesure les populations des villes.

Ainsi, d'après les derniers recensements, la population française est de 3,806,094 habitants. Comparée au recensement précédent, elle a augmenté de 680,933 personnes.

Le dernier rapport officiel constate que depuis quinze ans la population a augmenté de 2,400,000, ce qu'il n'ajoute pas, c'est que les départements, annexés y figurent pour 695,000 âmes, ce qui réduit l'augmentation à 1,745,000 habitants, soit 116,000 par an (1).

Depuis 1841, la statistique nous fait connaître que les naissances ont diminué de 100,000 par période quinquennale, ou de 20,000 en moyenne par an.

Depuis 1866, sur 89 départements, 58 ont augmenté, 31 ont diminué. L'accroissement surtout a lieu dans les villes. Paris seul a absorbé le cinquième, puisque sa population s'est accrue de 129,000 âmes.

Les départements qui perdent le plus sont ceux

(1) De 1836 à 1846 (dix ans) la population avait augmenté de 1 million 960 mille, ce qui nous donnait alors en moyenne par an 196 mille.

où l'agriculture est presque l'unique industrie. Partout donc où la population n'est qu'agricole, elle est en décroissance continue, et ne reçoit d'augmentation que dans les grandes villes et les centres industriels.

Si la vie moyenne est plus longue, il faut en conclure que le nombre des naissances suivrait une progression de moins en moins grande.

En effet, de 1817 à 1830,

sur 1,000 habitants, on a constaté 287 naissances;

De 1831 à 1846,

sur 1,000 habitants, on a constaté 265 naissances;

De 1847 à 1866,

sur 1,000 habitants, on a constaté 226 naissances.

Pendant la 1re période ci-dessus, le Bureau des Longitudes signale encore

sur 100 mariages, 373 naissances légitimes;

Pendant la 2e, sur 100 mariages, 328 naissances lég.;

Pendant la 3e, sur 100 mariages, 310 naissances lég.

Quelles conséquences à tirer de tels chiffres!

Ah! si grande que soit la paternité dans la génération, elle ne l'est pas moins encore dans l'éducation. Il est de toute nécessité, pour combattre ce fléau, d'éloigner du foyer domestique les conversations qui corrompent et les livres immoraux qui pervertissent.

A quel état social sommes-nous donc arrivés pour

qu'aujourd'hui on ne considère plus comme un bonheur la naissance d'un enfant (1)?

Une des causes certaines est dans le détestable envahissement du malthusianisme qui s'étend comme un cancer moral sur notre pays, parce que la passion du gain, la folie de ne compter que sur soi et le malheur de ne point se livrer à la Providence dominent de plus en plus chaque jour et partout.

Pourquoi encore? Parce que le frein moral, la grande loi morale, la grande école de respect, d'espérance, de bonnes mœurs, la religion, enfin, perd de son empire, et cela sous la déplorable influence des doctrines, des théories de la morale indépendante, du solidarisme et du matérialisme.

Voilà en même temps la vérité et l'unique remède!

Chez les peuples voisins, où l'agriculture est plus avancée que chez nous, la population s'accroît beaucoup plus vite. Preuve nouvelle encore que c'est du côté de l'agriculture que la société doit porter tous ses efforts et tous ses encouragements.

Comparée à l'Angleterre, la Belgique et l'Alle-

(1) Ainsi à la désertion des campagnes et à la désertion plus active encore de la vie agricole il faut joindre aussi un malheur moral et social bien plus grave, la diminution progressive des naissances, fléau sinistre, effroyable qui menace les peuples des plus terribles conséquences en méprisant la loi sacrée et primordiale donnée par le Créateur à nos premiers pères. Nulle compensation ne peut être admise par la raison et le bon sens contre ce fléau qui menace la société moderne aux sources même de la vie. La conscience religieuse, l'éducation chrétienne seraient les seuls réactifs pouvant amener une réforme énergique dans nos mœurs.

magne, la population de ces nations marche trois et quatre fois plus vite que chez nous.

Une remarque à faire encore ici, c'est que de tout temps le progrès de la population a suivi en sens inverse la force des contingents militaires.

Sous la Restauration, quand le contingent annuel n'était que de 40,000 hommes, la population marchait rapidement; quand le contingent a été porté à 60,000, le progrès s'est ralenti; à 80,000, ralentissement plus grand; à 100,000, presque nul, et à 140,000, la population a reculé.

Le dernier *Annuaire* du Bureau des Longitudes est venu confirmer ces tristes faits.

Tant que nous tenons sur pied une armée nombreuse, les naissances diminuent, les décès augmentent, partant la population s'arrête!

Cette saignée épuise surtout la population rurale, qui n'est pas assez riche pour se racheter, et les trois quarts du contingent est fourni par les campagnes.

L'*Annuaire* relève encore un fait qu'il importe de signaler : c'est le nombre toujours croissant des naissances illégitimes. Je citerai seulement Paris, capitale de la civilisation, c'est-à-dire des vices aussi bien que des vertus du monde civilisé; il y a eu en 1868, 15,472 naissances irrégulières contre 39,572 légitimes, soit au total 55,044, dont 1/3 d'illégitimes!

L'esprit de famille étant subordonné à la morale et la morale à la religion, il s'ensuit que là où la religion tient encore son rang, elle étend sa douce influence sur les actes de la vie. Aussi voyons-nous dans les villes, chez ceux qui n'ont plus de religion, l'immoralité pousser ses ravages jusqu'à dégoûter des mariages légitimes.

Si nous examinons maintenant la vertu au point de vue social, ne remarquons-nous point que c'est l'homme libertin qui fréquente les cabarets plutôt que son foyer domestique, que c'est l'homme immoral plutôt que le vertueux père de famille qui fait les bouleversements.

Lamartine a dit avec raison : « L'agriculture fait « la fixité et la moralité des populations qui s'y « livrent. Il n'y a pas de code de législation ou de « morale, excepté la religion, qui contiennent « autant de morales actions qu'un champ qu'on « cultive. » Sans doute, sur la terre, les joies les plus pures et les plus douces sont celles de la famille.

Quoi de plus admirable que le calme et l'affection de certaines familles des campagnes, où l'intérêt de trois ou quatre générations semble être le même pour tous !

Que de biens ils donnent, les champs ! que de consolations ils prodiguent ! C'est à la maison des champs que se trouvent les affections les plus intimes, les ménages les plus unis ; c'est là que les mères de famille donnent la vie morale aux petits enfants qui feront le bonheur de leurs parents et les joies de la chaumière.

L'émigration est également une des causes les plus vives de la diminution des familles ; aussi les parents qui conservent leurs enfants chez eux, conservent en même temps sur eux l'autorité paternelle, tandis qu'une fois émigrés à la ville, le plus souvent jouissant d'une liberté sans borne, ils cèdent à des entraînements qui les conduisent évidemment à un affaiblissement physique et moral dont la conséquence est la dégénérescence et la diminution des familles.

La campagne n'est pas seulement favorable à ceux qui souffrent. Ses salutaires influences agissent sur toutes les organisations. Quelle est, en effet, la cause constitutive de la robuste santé du campagnard ? Elle réside dans la vie frugale, laborieuse et calme, au grand air, au soleil, à cette vie régulière, quoique de travail, qui donne en retour de ce qu'elle a de pénible pour le corps, la vigueur physique et la sérénité de l'âme.

Quoi de plus beau et de plus opulent que nos campagnes prises dans leur ensemble ! quelle entente dans les terrains ! quelle régularité dans le travail ! quelle merveilleuse combinaison de forces individuelles et de ressources créées par la Providence !

Sur cette carte magnifique, tracée par le laboureur, se détachent en vigueur, et ceints d'une radieuse auréole de richesse et de soleil, les divers héritages, les cultures variées, les mille procédés, enfants de l'expérience et de la tradition, imposés à la terre par la noble persévérance des hommes!!! Le spectacle est à la fois enivré de la nature et des miraculeuses transformations du sol. On peut dire que jamais plus splendide exposition du travail de l'homme ne peut frapper les regards.

Sous le charme d'un semblable prestige, tout concourt, sous les lois de la plus parfaite harmonie, au développement large et indéfini de la prospérité nationale.

Si le sol se peuplait en raison d'une production toujours croissante, il y aurait de magnifiques existences à conquérir en se faisant cultivateur, et il serait à désirer que les populations urbaines cherchent le bonheur dans le milieu *le plus apte à le trouver*.

Par l'effet de la dépopulation, on constate journellement la décadence de l'agriculture; les améliorations sont et seront retardées faute de bras et de capitaux, et, cependant, on ne pourra jamais se passer de pain. Puisque l'agriculture est la base de tout principe de véritable progrès moral et social, l'émigration et la dépopulation sont donc autant d'obstacles à son développement. Aussi la quantité de terrains incultes, dans une période peu éloignée, augmenteront, tandis qu'avec une augmentation de population, ces terrains auraient pu rapporter cent fois plus.

Le mépris des travaux des champs doit être regardé comme une grande calamité : Dieu veuille que la diminution des bras n'augmente plus dans les campagnes, car cette dépopulation nous conduirait infailliblement à une grande catastrophe.

On propose bien comme remède l'emploi des machines, mais ce n'est là qu'un palliatif, car les machines ne peuvent se passer de bras ; elles atténuent, il est vrai, une partie du vide, mais elles sont impuissantes par elles-mêmes ; elles ne sont donc données aux ouvriers que pour multiplier le travail et accroître en même temps les forces productives du sol. Ces engins ne doivent donc être considérés que comme auxiliaires des hommes, car le cultivateur qui les emploiera aura plus de temps à donner à des travaux intellectuels et à des combinaisons ayant pour but d'améliorer sa terre.

Nous avons dit précédemment qu'une école matérialiste était venue, principalement dans ces derniers temps, opposer à l'ordre primitif du Créateur, *Crescite et multiplicamini*, des principes erronés qui ont fait et font tous les jours de nouveaux adeptes, principes faisant de l'homme non-seulement un égoïste, mais cherchant à convaincre que l'accroissement de la population conduisait au paupérisme.

Erreurs, mille fois erreurs démontrées par les faits suivants :

La première chose qui frappera l'œil de tout

observateur examinant le globe, sera de voir combien l'espèce humaine est peu nombreuse et clairsemée sur la surface de la terre. Quels immenses déserts! quelles forêts impénétrables! L'homme n'est-il point créé pour surmonter tous les obstacles et rendre fertiles et productifs des terrains ingrats et stériles?

Si, en effet, nous avons *l'ordre de croître et de multiplier,* ne peut-on espérer, à une époque quelle qu'elle soit, de voir la surface du globe cultivée comme un jardin?

Tant que la terre n'aura point été cultivée ainsi, car la possibilité d'une telle culture, je le répète, dépend du nombre des créatures humaines que la nature a rendues capables de travailler à l'agriculture, il ne peut point exister de cause inhérente à la nature humaine qui ne puisse empêcher de continuer de s'accroître.

Il est évident que tant qu'il reste dans un pays des terres susceptibles d'être cultivées, qui n'ont point encore été exploitées au profit de la subsistance de l'homme, ou qui, dans ce but, n'ont pas encore été améliorées au point auquel les connaissances et l'industrie peuvent facilement atteindre, la population peut se trouver arrêtée, mais elle ne peut l'être par aucune cause qui ait rapport au manque de moyens de subsistances.

La terre est donc le moyen de subsistance pour l'homme, et jusqu'à ce que son sein fécond soit épuisé et que le sol ait été cultivé au point de ne plus pouvoir produire, l'homme n'a rien à craindre de sa subsistance.

Il est bien avéré que, dans tout pays, l'homme à l'état social est capable de faire produire à la terre une plus grande quantité de subsistances qu'il lui en faut pour sa propre nourriture. « Si on pouvait « imaginer un jour, a dit M. Thiers, où toutes les « parties du globe seraient habitées, l'homme « obtiendrait de la même surface cent fois, mille « fois plus qu'il ne recueille aujourd'hui. De quoi, « en effet, peut-on désespérer quand on le voit « créer de la terre végétale sur les sables de la « Hollande ! S'il en était réduit au défaut d'espace, « les sables du Sahara, du désert de l'Arabie se cou- « vriraient de la fécondité qui le suit partout. Il « disposerait en terrasse les flancs de l'Atlas, de « l'Hymalaya et des Cordillières, et vous verriez la « culture s'élever jusqu'aux cimes les plus escar- « pées du globe, et ne s'arrêter qu'à la hauteur où « toute végétation cesse.

« Et fallait-il ne plus s'étendre, il vivrait sur le « même terrain en augmentant toujours la pro- « priété. »

Un naturaliste contemporain, M. Ch. Martin, dans sa géographie botanique, nous rapporte un fait peu connu à l'appui de ce sujet :

« L'échelle de culture la plus étendue, dit-il, qui « existe dans le monde, se déroule sur les pentes « des Andes.

« Au bord de la mer on cultive le sucre, le café,
« l'indigo, les bananes, plus haut le coton, au-dessus
« le maïs, les patates, les blés d'Europe. Les noix,
« le froment et l'orge s'arrêtent à 3,300 mètres, les
« pommes de terre et autres tuberculeux montent
« jusqu'à 4,000 mètres ; c'est à cette hauteur que
« cessent les cultures. Au-dessus sont des pâturages
« parcourus par des lamas, des chèvres, des brebis
« et des bœufs ; c'est la hauteur du Mont-Blanc en
« Europe. »

Il a été démontré que la terre est un trésor inépuisable, plus on l'améliore, plus elle rend, et il est bien avéré que plus la population augmentera, plus la terre sera productive. Il faudrait être bien borné et avoir l'esprit bien rétréci pour songer à mettre des bornes aux facultés physiques qu'a la terre de fournir à l'homme des moyens de subsistance.

Quoique la somme d'aisance puisse s'accroître pendant que le nombre des habitants reste le même, c'est surtout par une suite naturelle de l'augmentation des individus que cet effet a lieu ; c'est pourquoi la diminution de la population est le plus grand de tous les maux auxquels un Etat puisse être exposé, et son accroissement est le but auquel on devrait viser dans tout pays.

La société, nous l'avons vu, qui n'est qu'une grande famille, n'a de calme et de prospérité que si ses membres vivent unis entre eux par les liens du cœur. L'intérêt personnel, chacun le sait, est le principal mobile des relations sociales ; il en faut d'autres cependant ; il en faut qui ne soient inspirées que par les sentiments d'une estime, d'une bienveillance, d'une fraternité complétement désintéressées. Or, celles-ci sont providentiellement réservées aux loisirs du dimanche. Supprimer ces loisirs, c'est donner à l'égoïsme une force nouvelle et tarir les sources les plus pures et les plus élevées auxquelles s'alimente la vie sociale.

Le repos dominical donc est aussi indispensable à la famille qu'à l'individu. Le dimanche, la famille réunit ses membres séparés durant les jours de labeur, et se reconstitue pour ainsi dire ; il n'est pas de moindre intérêt pour la société. En effet, en nous imposant ce repos, le Créateur s'est proposé deux fins : sa gloire et notre salut ; sa gloire par le culte que nous devons lui rendre, notre intérêt par le repos que nous devons nous accorder à nous-mêmes.

Le dimanche étant le jour prédestiné à tous les hommes, de quelques conditions qu'ils soient, ils doivent se dégager des asservissements du travail hebdomadaire, rentrer en pleine possession d'eux-mêmes et se relever dans leur force physique et leur dignité morale. Si quelqu'un contrevient à cette obligation, il trouble en lui cette harmonie, il enfreint les lois sacrées de la nature, il s'épuise, se dégrade, il rompt l'équilibre nécessaire à sa double vie, et son travail que Dieu lui avait imposé comme un moyen de réhabilitation, devient, par sa faute et pour son malheur, une cause de décadence et de ruine.

La voix divine, la loi naturelle, la voix de la conscience veulent que tout homme se réjouisse d'avoir des enfants. C'est ainsi qu'il en est toujours parlé dans les livres de la religion chrétienne.

Le roi David disait (XXVIII) : « Heureux quiconque « craint l'Eternel et marche dans ses voies ; sa « femme sera dans sa maison comme une vigne « abondante, et ses enfants comme des plants « d'olivier autour de sa table. »

Le roi Salomon, fils et successeur de David, disait aussi : « Les enfants sont la couronne des vieillards « et les pères la gloire des enfants. »

Le langage d'Auguste, au sujet de Rome, est celui de tous les politiques pratiques : « La cité de Rome, « disait-il à son peuple, ne consiste point dans les « maisons, les portiques, les places publiques, ce « sont les hommes qui font la cité, et je somme « chacun de ses membres d'y contribuer pour sa « part. »

Mentor, dans *Télémaque*, s'adressant à un roi dont les fausses idées de grandeur et de renommée avaient corrompu le cœur, lui donnait ce conseil : « Sachez que vous n'êtes roi qu'autant que vous « aurez des peuples à gouverner, et que votre « puissance doit se mesurer non par l'étendue des

« terres que vous occuperez, mais par le nombre
« des hommes qui habiteront ces terres et qui
« seront attachés à vous obéir. Possédez une bonne
« terre quoique médiocre en qualité, couvrez-la de
« peuples innombrables, laborieux et disciplinés,
« faites que ces peuples vous aiment, et vous êtes
« plus puissant, plus heureux et plus rempli de
« gloire que les conquérants qui ravagent tant de
« royaumes. »

Un fonds de terre, d'une étendue considérable, dans la main d'un seul homme, ne rapporte pas un aussi grand produit et n'occupe pas autant d'hommes que si ce terrain était partagé entre un certain nombre de propriétaires. Ainsi, en Angleterre, un petit village ayant été acheté par quelques capitalistes, s'est trouvé réduit à un seul homme, tandis qu'ailleurs un domaine est devenu un petit village après que quelques paysans en étaient devenus les propriétaires.

Ce n'est point, ainsi que l'a publié un matérialiste, un trop plein « de population qu'il y a sur le globe, » mais une distribution qui n'est point en rapport avec le sol, c'est-à-dire un défaut d'équilibre, agglomération sur certains points, insuffisance sur d'autres.

En France, par exemple, nous avons la fonderie et les forges du Creusot qui, de modeste hameau, est devenu récemment à lui seul un chef-lieu de canton.

L'attraction des villes sur les populations, nous

l'avons dit, n'est point une bonne chose, ce n'est pas un signe de haute civilisation, tout au contraire, ce déclassement des populations est un fait non à applaudir comme le font certains économistes industriels, mais à combattre dans ses exagérations. M. Guillaumin constatait à la Chambre, il y a quelque temps, que depuis 20 ans la population rurale avait décru de près de 2,000,000, tandis que celle des villes avait augmenté dans une plus grande proportion.

Naturellement, les capitaux et les têtes dirigeantes, qui sont l'âme de tout travail et de toute production, ont suivi la même route.

Qu'arrive-t-il de là ? un fait aussi déplorable que naturel : les campagnes produisent moins, et leurs produits leur coûtent davantage ; la main-d'œuvre est augmentée de cent pour cent, et le loyer du sol a également suivi une progression ascendante. De là hausse des denrées.

Donc rareté et cherté des bras dans les campagnes, cherté des vivres et encombrement de bras inoccupés ou mal occupés dans les villes, tel est le résultat final de ces entraînements irréfléchis qui poussent les capitaux, les bras, les idées, toutes les puissances de l'industrie et de la famille vers les grands centres.

Malgré les gros salaires de l'ouvrier des villes, notamment de l'ouvrier parisien si envié par l'artisan de village, le parisien a cependant une existence très-précaire, et même dans les beaux jours il aura une peine infinie à nouer les deux bouts, sans compter le spectacle des plaisirs qu'il coudoie à tout instant et qui attisent sans cesse ses convoitises.

L'expérience conseille de répéter aux habitants des campagnes, au nom de leurs plus chers intérêts, de rester chez eux plus que jamais.

De ce qui précède, il résulte que si le séjour et les travaux de la campagne sont moralisateurs et féconds pour le bien-être, autant le séjour des villes est pernicieux et portent en eux le germe de la corruption, car toujours les vices destructeurs de la force physique et meurtrière des vertus ont élu leur domicile dans les grandes agglomérations d'hommes.

En dehors des preuves déjà citées, j'ajouterai ici que, dans le dernier rapport du ministre de la justice, il est constaté que la population urbaine a donné 22 *accusés* sur 100,000 habitants, tandis que la population rurale, trois fois plus considérable, a présenté seulement 7 *accusés* par 100,000 habitants, c'est-à-dire une proportion de criminalité *trois fois moindre*.

N'est-ce pas le cas de dire avec Virgile :

« O fortunatos nimium sua si bona norint
« Agricolas. »

Les salaires élevés de l'industrie valent à l'usine et à la ville de nombreux travailleurs qui ne connaissent point le revers de la médaille, car ils paieront de leur santé et de leur moralité la désertion du toit paternel.

La baisse des valeurs de spéculation à la Bourse est un symptôme de réaction contre ce courant fatal, qui atteint toutes les forces vives des champs aux villes ; les capitaux et les bras obéissant à la même loi, c'est donc au sol que désormais les uns et les autres devront chercher à se fixer.

Jusqu'ici, d'ailleurs, le grand mal des campagnes a été l'isolement, le manque de cohésion, dans les efforts individuels, pendant que les *associations*, les grandes compagnies industrielles, semblables à de colossales pompes aspirantes, attiraient tout dans les grandes villes, à Paris notamment.

Aujourd'hui que l'équilibre est rompu, ces grosses pompes commencent à épuiser leurs forces faute d'aliment. Par contre, le secret de devenir fort par l'*association* commence à éclairer les sommets du monde rural. Là au moins l'*association* a un vaste champ d'action cent fois plus grand et plus fécond que dans les villes.

« L'homme, a dit un spirituel écrivain, agronome distingué (M. L. Hervé), quoi qu'il fasse, manquera toujours à la terre, jamais la terre ne manquera à l'homme. Partout où croîtra un épi, il naîtra un homme pour vivre. »

Quand l'*association*, sous toutes ses formes, apprendra à l'homme des champs le secret de multiplier ses forces productives, alors les rôles changeront.

La fortune, l'instruction, l'initiative des idées

passeront des villes aux campagnes, ou plutôt les villes ne seront plus que des rendez-vous d'affaires ou de société ; les familles auront leurs rendez-vous au champ, alors la France sera le plus beau pays de la terre.

L'agriculture française est une industrie de 25,000,000 d'habitants sur 35,000,000 ; si elle était placée à son rang, parmi les autres éléments de la prospérité nationale, il est évident que l'on pourrait faire prédominer l'esprit rural parmi l'esprit public, et avec lui les principes d'ordre et de véritable progrès qu'il comporte.

Cet esprit rural existe encore dans certaines contrées : c'est dans les pays morcellés plutôt qu'agglomérés. On y rencontre plutôt l'amour de la famille, de la propriété et de toutes les vertus domestiques.

« Un fait qui inquiète tout observateur attentif, « dit M. Leplay dans sa réforme d'économie so- « ciale, c'est le nombre toujours croissant des en- « fants qui, impatients d'hériter, paraissent moins « redouter que convoiter la mort de leurs parents. « Un autre fait non moins grave, c'est que le « nombre des enfants studieux, laborieux, des « familles aisées, tend au contraire constamment « à décroître. Ces enfants s'imaginent qu'ils ne sont « venus au monde que pour récolter et dissiper ce « que leurs parents ont semé : la certitude du pa- « trimoine semble avoir éteint en eux l'esprit « d'initiative. »

Il est fâcheux, pour l'agriculture de notre pays, que les grands propriétaires ne résident pas davantage sur le sol qui leur appartient, ils pourraient alors augmenter leur bien-être, donner du travail aux ouvriers qui les entourent, et partant opposer une digue à l'émigration; mais le besoin des plaisirs est aujourd'hui poussé à l'extrême, et la plupart du temps on ne se souvient de ses fermiers que pour en toucher le revenu.

Oui, l'absenthéisme est aussi une des causes de l'émigration. Quelle aberration en effet! vouloir être riche et abandonner le terrain qui produit la richesse!

« Le propriétaire fortuné ne s'occupe point des « moyens d'améliorer son domaine, mais il absorbe « dans des industries chargées de pourvoir à ses « convoitises d'ambitions ardentes et de jouissances « luxueuses.

« Les grandes familles résidant dans les villes, « on ne devrait point s'étonner que les bras et les « capitaux désertent les champs alors que l'exem- « ple vient d'en haut.

« Si nous descendons au second plan dans la « moyenne et la petite culture, ceux-là aussi dé- « sertent : l'exemple est contagieux.

« La profession de leurs pères leur apparait vul- « gaire, peu lucrative, travailler est pénible. La « ville! la ville! avec ses comptoirs, ses cafés, ses « théâtres, là est le bonheur, et ils quittent le vieux

« toit qui abrita leurs ancêtres pendant des siècles!
« (L. Hervé.) Foyer natal où se rattachent tant de
« souvenirs, champ où ils trouvaient le calme, la
« tranquillité, ils quittent tout ! »

Et l'agriculture, ce puissant levier qui met toutes les autres forces en mouvement, que deviendra-t-elle?

Ainsi s'en vont les forces vives qui devraient vivifier l'agriculture.

« L'armateur, dit un éminent agronome de
« l'Ouest (M. de Kerjégu), est assis à son bureau
« d'où il trace et surveille le mouvement de ses
« vaisseaux; l'usinier est à ses forges, à sa mino-
« terie, à sa filature, et s'ils émigraient, eux aussi,
« à la ville, pour s'y envelopper dans la jouissance
« du rien faire, tout, autour d'eux, n'irait-il point
« en débandade, en ruine? et leur fortune et la for-
« tune nationale!

« N'est-ce point là la finale à craindre avec l'ab-
« senthéisme des propriétaires? »

Si les lois, les mœurs, les aspirations ne sont point agricoles, attribuez ce malheur à l'absenthéisme.

Si, malgré sa fécondité naturelle, favorisée par un climat tempéré, la France produit assez peu pour que les denrées de l'étranger nous soient nécessaires dans les mauvaises années et nous fassent concurrence dans les bonnes, c'est encore à l'absenthéisme qu'il faut attribuer cette faute.

Fixé à la campagne, le propriétaire terrien y dépensera son revenu, l'ouvrier y trouvera du travail et n'émigrera plus. Alors plus de pléthores dans les villes ! et d'anémies dans les campagnes ! Il se fera un équilibre heureux entre les forces qui produisent, celles qui transforment et celles qui échangent.

Tous les Comices, absolument tous, ont demandé dans l'enquête que l'embellissement exagéré des villes qui dévorent tant de ressources soit arrêté ou du moins modéré.

Ah! si tout ce qui se gaspille de séve,d'intelligence, d'or dans le sein des grandes villes, n'y venait pas ! mais demeurait sur le sol qui le produit brin à brin, goutte à goutte, par la force de 25,000,000 de cultivateurs travaillant sans cesse, on ne verrait plus de ces *honteuses grèves* qui engendrent le désordre et qui font craindre pour l'avenir de la Société.

Nous ne saurions trop le redire tant le mal est grand : le délaissement des champs, par suite de la concentration des masses vers les centres industriels, nous conduira infailliblement à une crise alimentaire. Ce déclassement est très-fatal à la production dont il tarit les sources, amène comme conséquence la dépravation des mœurs et substitue à l'existence calme des campagnes la vie agitée, ardente et passionnée des cités populeuses ! C'est là une vérité tellement évidente que des faits graves sont venus la confirmer dernièrement.

Les crises industrielles suivent toujours les crises alimentaires ; les vivres étant plus chers, les classes laborieuses restreignent leurs achats de produits industriels. C'est là encore une preuve nouvelle que, dans un pays où les deux tiers de la population vivent des salaires de l'agriculture et de la rente du sol cultivé, la prospérité universelle, celle du commerce et de l'industrie repose avant tout sur la prospérité de l'agriculture.

C'est parmi les laboureurs, a dit Caton, que naissent les meilleurs soldats et les meilleurs citoyens. L'agriculteur est ennemi des troubles par son intérêt et sa constitution. Aussi ce sont toujours les campagnes qui envoient des conservateurs pour représenter les intérêts généraux du pays ; des événements récents l'ont prouvé surabondamment.

L'agriculture en France produit plus chèrement qu'en Russie, en Allemagne, en Angleterre et en Amérique, parce que les capitaux arrachés par l'appât de la spéculation à bénéfices faciles, sans travail, s'arrêtent devant les spéculations rurales.

La terre est à la fois le plus exigeant des créanciers et le plus exact des débiteurs : elle ne rend que ce qu'on lui prête, mais elle rend tout ce qu'on lui prête.

Ce n'est point seulement le défaut de bras et de capitaux qui contribuent à l'augmentation du prix de revient des produits du sol, il y a encore d'autres charges qu'il est urgent de faire connaitre.

Examinons un peu le chiffre de production agricole et viticole du sol français :

Céréales......................	3,000,000,000
Animaux et produits............	2,700,000,000
Vins, culture industrielle........	2,000,000,000
Fourrages....................	700,000,000
Produits agricoles fabriqués, alcool, sucre, huile, cidre, fécule.	400,000,000
Total.......	8,800,000,000

Ce produit représente le travail de 25,000,000 de personnes appartenant aux professions agricoles et viticoles.

Sur ces 8,000,000,000, six sont vendus ou consommés à l'intérieur.

Le revenu net étant de 5,000,000,000, et la part de l'agriculture dans l'impôt foncier de 260,000,000, celle-ci paie donc 5 0/0 sur ses produits, de sorte que chaque denrée qu'elle met en vente est grevée sur ce chef d'une taxe de 5 0/0.

Il est de toute justice, contrairement au traité de commerce, de prélever 5 0/0 sur les produits étrangers ; ce ne serait qu'assimiler ces produits aux nôtres. Les admettre gratuitement, c'est protéger l'étranger à nos dépens.

Le moment est venu de porter de nouveaux et énergiques efforts sur l'agriculture qui se trouve surpassée par l'industrie.

En effet, l'industrie et le commerce s'arrêteraient bien vite si l'agriculture venait à s'appauvrir.

On a beau transporter ces capitaux sur l'industrie et sur les mers, et enlever les intelligences pour les employer à des travaux sans reproduction, car le jour où la culture épuisée s'arrêtera, le jour où le pain manquera, oh alors ! vous n'aurez créé que des ruines, vos intelligences n'auront produit que le vide et il ne restera que la faim et ses désespoirs !

Comparons maintenant le produit brut de l'industrie, qui dépasse 3,000,000,000, et dont les patentes ne sont que de 40,000,000 seulement, tandis que l'agriculture, avec ses 8,000,000,000, paie 260,000,000 (1) !

Etablissons encore d'autres chiffres comparatifs :

L'agriculteur, qui veut acheter un fonds de terre de 200,000 fr., débourse, tant à l'Etat qu'à ses officiers ministériels, 20,000 fr.; le négociant, un fonds de commerce du même prix, paie à peine 4,000 fr., et le capitaliste ou l'industriel financier un titre de même valeur, ne paie presque rien.

Il n'est donc pas juste que la fortune mobilière, qui s'accroît de jour en jour dans des proportions fabuleuses, ne paie presque rien, lorsque la fortune immobilière, stationnaire ou décroissante, supporte la plus grande partie des charges de l'Etat.

Les produits de l'industrie circulent librement

(1) On remarque que l'Angleterre tire plus de 450 millions de revenus de ses douanes. L'agriculture ne paie aucun impôt foncier à l'Etat : elle paie, il est vrai des taxes locales; mais les produits de ces taxes sont dépensés dans les campagnes qui les donnent et leur profitent directement. Tandis que chez nous, l'impôt payé des trois quarts par les campagnes, est dépensé pour les neuf dixièmes dans les villes.

sur tout le territoire, tandis que les produits agricoles sont taxés par les douanes et les octrois.

Les charges de l'agriculture tendent incessamment à se doubler par les centimes additionnels, et la main-d'œuvre qui s'accroît d'une façon désespérante.

On a encouragé l'agriculture, il est vrai, mais avec des fonds dont les trois quarts étaient payés par les agriculteurs et qui ne faisaient que changer de poches.

Il serait vraiment désirable et nécessaire, dans l'intérêt général, qu'une plus juste répartition d'impôt soit faite entre l'agriculture et les diverses industries.

Point de faveur, point de privilége pour l'agriculture, mais l'égalité devant l'impôt.

Et cependant, l'agriculture avec les lois invariables de la nature, travaillant dans un milieu donné, ne peut produire d'une manière lucrative que des plantes et des produits propres à ce milieu, alors que l'industrie manufacturière met son atelier à couvert, règle sa température et travaille sur la matière morte, tandis que l'agriculture est placée sous la voûte souvent inclémente du ciel, avec une température toujours variable et opère sur la matière vivante.

Les encouragements offerts à l'agriculture ne suffisent point pour une industrie d'où dépend l'existence d'une nation.

Une comparaison encore entre la position faite à l'agriculteur et au manufacturier par nos *lois financières* suffira pour prouver que la culture de la terre atteindra difficilement le progrès que réalise tous les jours l'industrie : supposez à chacun un capital de 100,000 fr., prenez un terme de dix ans, et calculez ce que l'agriculteur aura payé de droits et de charges de toutes sortes depuis le jour de l'acquisition de sa terre. Comparez cette somme à celle payée par l'industriel ou le commerçant, énumérez les bénéfices de l'un et de l'autre, en admettant les mêmes chances communes, et vous verrez de quel côté est l'avantage et si, *avec nos mœurs actuelles*, la détermination que prendrait un jeune homme de se livrer à l'agriculture ne paraîtrait point taxée de folie !

Aujourd'hui que le capital est sollicité de tous côtés, est-il étonnant que l'on donne sa préférence à des valeurs mobilières? des sociétés industrielles? qui assurent trois et quatre fois plus de revenus que la terre, et cela sans contributions, sans charges, sans frais, du moins insignifiants.

Pour donner une idée de cette fièvre financière, nous ne pouvons mieux faire que de citer les chiffres suivants d'un rapport officiel publié tout récemment :

« Ce rapport constate que l'ensemble des valeurs
« françaises seulement, cotées à la Bourse, représen-
« taient en 1851, au cours du 1er janvier, une somme

« de 5,743,404,785 fr., et au cours du 1er janvier « 1868, une somme de 48,655,630,378 fr. »

De tels chiffres n'ont pas besoin de commentaires.

En somme, le développement excessif de l'industrie, la concurrence des salaires industriels, la transformation du crédit qui a substitué partout le goût des valeurs mobilières, à l'amour du sol, les fortunes rapides de la finance, n'est-ce point une véritable folie de délaisser les campagnes où on vit en paix et où le pain est toujours assuré, pour courir les hasards, les misères, les luttes et les chômages des ouvriers des villes?

La terre attend à son tour sa transformation.

N'y a-t-il point d'immenses terrains à féconder, de grands espaces à conquérir à la production, de nombreuses améliorations, reboisement, drainage, irrigation, etc.? Ah! si l'Etat, les sociétés faisaient pour l'agriculture ce qu'ils ont fait pour l'industrie, si les populations avaient pour leur nourricière le même enthousiasme que pour l'industrie, oh! alors comme chacun pourrait jouir de l'aisance et du bien-être que l'*agriculture seule peut donner!*

Arrivons maintenant à l'examen d'une question qui, certes, influe considérablement aussi sur la variation du prix des denrées alimentaires, je veux parler du libre échange. Nous en avons déjà dit un mot au début de cette étude, et nous allons développer ici toute notre pensée :

L'agriculture, personne ne l'ignore, est condamnée au libre échange pour plusieurs de ses produits qui ont le plus besoin de protection : la laine par exemple.

N'entendons-nous pas tous les jours l'école des satisfaits dire « que les consommateurs ne sont « point obligés de payer la laine plus qu'elle ne « vaut pour enrichir les éleveurs? » Mais ces pauvres économistes ne voient point qu'en retour de la consommation d'un bon marché inouï de la laine, le consommateur est obligé de payer sa viande plus chère, et que le cadeau fait aux éleveurs d'Amérique ou d'Australie est absolument perdu pour nous.

Ainsi nous économisons 10 fr. chez notre marchand de drap pour payer 50 fr. de plus chez notre boucher!.....

On le voit, cette question a une très-grande importance dans le problème qui nous occupe.

Chacun sait que les laines étrangères, notamment les laines australiennes et de l'Amérique qui entrent en France pour ainsi dire en franchise, ont fait baisser les laines françaises de plus de 60 p. 0/0.

En France, avant le libre échange, l'espèce ovine représentait une valeur de 700,000,000. Dans notre pays, 20,000,000 de mérinos à 7 fr. de moins par toison, soit 140,000,000 *de perte* pour les éleveurs. Ce ne sont pas les droits d'exportation de tissus de laine à l'étranger qui la leur rendront. Au contraire, les droits protecteurs dont jouit l'industrie condamnent l'agriculture à payer plus cher les tissus à son usage.

Comment nos éleveurs pourraient-ils lutter avec ceux d'Amérique et d'Australie, qui exploitent à titre gratuit d'immenses étendues de terres vierges? et n'ont d'autres frais que la tonte des animaux, l'envoi des toisons au port d'embarquement et un prêt de 4 fr. par quintal?

Il ne faut donc point s'étonner de l'alarme et du découragement de nos producteurs en voyant chaque année baisser le prix des laines, et dont la conséquence sera nécessairement d'augmenter le prix de la viande qui est déjà trop élevé.

Ces alarmes ont eu, il y a quelque temps, un écho retentissant dans un fait relevé par M. L. de Lavergne, qui a constaté, comme conséquence de cet avilissement de prix, qui a constaté, dis-je, que « l'effectif de la race ovine, dont le chiffre s'élevait « il y a peu d'années à 35,000,000, serait tombé « à 26,000,000 !!! » soit déjà plus de 100,000,000 de kilos de moins pour la consommation. Nous ajouterons que ces chiffres étaient publiés avant la baisse de 30 0/0 de cette année, ce qui amènera encore une réduction considérable dans l'élevage des moutons et jettera nécessairement une grande perturbation sur les prix de la viande !

L'élevage du mouton donc, considéré comme producteur de laines, est en pleine décadence, alors que l'agriculture fait des efforts surhumains pour reporter toute son énergie sur les races à chair volumineuse et précoce connues sous le nom de mérinos améliorés et qui ont remporté les premiers prix cette année.

Quoi qu'il en soit, cette ruine de l'élevage des bêtes à laine sera une calamité irréparable tant pour le sol français qu'au point de vue de la consommation publique.

Le mouton est la seule richesse des terrains maigres, des sols étendus, à végétation courte, car, outre sa chair et sa laine qu'il donne, il fournit au sol le plus riche et le plus fertilisant des engrais. Un autre avantage du mouton, c'est de fouler, de resserrer les terrains légers, principalement les terres disposées pour les ensemencements en seigle ; sans quoi, et c'est là un fait bien certain, une observation bien avérée, sans quoi, dis-je, cette précieuse céréale perdrait 30 p. 0/0 de son rendement en grains.

Mais, vous objecteront les économistes de l'école des satisfaits, souvent étrangers à l'agriculture : « Remplacez vos moutons par des vaches, faites des « prairies artificielles, cultivez des racines, etc. »

Ce conseil d'échanger des moutons contre des vaches est très-facile à donner, mais il est tellement erroné que deux mots suffiront pour le mettre à néant.

Ce n'est point le changement par lui-même qui

est difficile, mais ce qu'il faut considérer, ce sont les conséquences qui en découleront.

En effet, chacun sait que dix moutons représentent l'équivalent d'une vache. Supposons un troupeau de 300 moutons converti en 30 vaches. Allons plus loin, portons le produit brut des vaches au-dessus de celui des moutons, ce qui n'est pas possible en Champagne. Or, nous affirmons que le produit net de ces 30 vaches sera de beaucoup inférieur à celui des 300 moutons par la raison toute naturelle qu'il faudra nourrir les vaches à l'étable, et partant la main-d'œuvre sera augmentée d'autant, soit pour les soigner ou tirer parti de leurs produits.

En Champagne et dans les contrées analogues, il est une chose qu'il ne faut point oublier, c'est que le pacage, la nourriture de moutons, en un mot, pousse naturellement sans engrais, sans culture et sans autres frais que la garde du berger qui peut conduire seul jusque 800 moutons et plus.

En évaluant la nourriture d'un mouton à 6 cent. par jour, et cela pendant 8 mois de l'année, on arrive donc à trouver que 300 moutons utilisent pour 4,320 fr. d'aliments.

Maintenant, pour nourrir 30 vaches à l'étable, il faudra évidemment leur créer, quelle qu'elle soit, une nourriture pendant ce laps de temps, mais avant toute culture, il faut de l'engrais et la somme nécessaire ne se trouve point d'un jour à l'autre.

On le voit, il faudrait de longs et coûteux sacrifices, souvent impossibles, et de nombreux efforts, pour arriver à nourrir 30 vaches pendant 240 jours.

Ajoutez à cette charge celle d'un personnel beaucoup plus nombreux, et ceci précisément à la saison où les bras font déjà tant défaut.

On peut juger ces deux systèmes, et on verra si ce changement est possible dans une région où il n'y a point de pâturages naturels pour la race bovine et où la grande culture des racines et des prairies artificielles exigeraient des sacrifices impossibles. On arrivera à des résultats négatifs et en pleine contradiction avec les objections de ces nouveaux économistes.

Maintenant l'industrie des mérinos améliorés ne peut point se propager en présence des prix inouïs de 1 fr. 25 à 1 fr. 50 le 1/2 kilo.

Nous croyons, quant à nous, que le meilleur moyen de remédier à cette pénible situation, serait de rechercher à acclimater une des anciennes races rustiques de France dont il reste encore quelques spécimens à l'étranger, soit des races étrangères précoces très-aptes à l'engraissement et sans laine, du moins avec le moins possible, la considérant maintenant comme une non-valeur.

Dans un compte-rendu de Concours régional que nous avons sous les yeux, M. L. Hervé constate qu'en Provence on élève peu de bêtes à cornes, et c'est la race ovine qui constitue le bétail dominant. Par suite donc, non-seulement de l'avilissement, mais du délaissement des laines, les éleveurs vendent leurs troupeaux.

« Depuis huit ans, dit-il, la Provence a vu dimi-
« nuer son effectif de 50,000 moutons ; d'autres ne
« vendent point leurs troupeaux, mais les mutilent
« d'une manière désolante en envoyant à la bou-
« cherie des agneaux de 30 à 40 jours qui ne gagne-
« raient point le prix de leur poids si on les élevait
« jusqu'à un an.

« J'ai vu, ajoute-t-il, le marché d'Arles, jonché
« de ces jeunes victimes du libre échange ; il se
« vend annuellement à Arles 20,000 agneaux dont
« l'élevage, poussé plus loin, constituerait les éle-
« veurs en perte. »

Cette industrie n'est pas non plus étrangère sur le marché de Paris.

Cette situation est très-grave au point de vue primordial de la production de la viande, dont la somme totale, extrêmement réduite, rejaillira considérablement non-seulement sur la rareté de la viande, mais partant sur l'augmentation de son prix.

O école libre échangiste ! voilà les effets de tes doctrines désastreuses ! drape-toi fièrement dans ton manteau industriel, jette un regard de dédain sur l'agriculture, la mère nourricière de tous, dont tu as aggravé les impôts en appauvrissant les éléments de bénéfices !

Le Comice agricole de Chartres, qui représente la contrée la plus fertile en blé, a établi, par un calcul officiel, que le prix de revient de l'hectolitre de blé pour le fermier de la Beauce s'élève en moyenne à 18 fr. 50 et le prix moyen de vente de 17 fr. 50, soit 1 fr. de perte dans les années ordinaires. Un calcul semblable donnerait encore plus de découragements pour les trois quarts de la France.

La faculté d'importer en franchise les blés exotiques, qui retournent à l'étranger sous forme de farines, n'est avantageuse que pour le commerce et la minoterie.

A eux seuls reviennent les profits de notre agriculture, c'est la seule conséquence à tirer du mouvement d'exportation et d'importation que l'on porte toujours au profit de notre production agricole.

L'industrie sucrière a également élevé des plaintes contre des droits qui pèsent sur une denrée précieuse, qui serait un objet de consommation générale si une loi n'en avait doublé le prix.

« Il a été posé en principe dit l'éminent agro-
« nome que j'ai cité tout à l'heure , lors du traité
« de commerce, que les objets de consommation
« générale ne supporteraient que des charges très-
« minines, afin que l'extension indéfinie de la con-
« sommation remplaçât les droits protecteurs pour
« les producteurs et pour le fisc. »

S'il est une industrie qui a tous les titres à être traitée ainsi, n'est-ce pas l'industrie sucrière; et, pourtant, une loi postérieure au traité de commerce frappe le sucre d'un droit de 45 cent. par kilo, ce qui équivaut presque à une prohibition pour les classes laborieuses.

Une autre conséquence signalée à la Chambre, je crois, par M. d'Avrincourt, c'est que les sucres étrangers produits à plus bas prix que les nôtres, leur font une concurrence victorieuse sur nos propres marchés. C'est, il nous semble, une dérogation qui écrase notre production agricole au lieu de l'aider dans sa lutte contre l'étranger.

Cette fiscalité intérieure et extérieure pèse encore d'un poids plus lourd sur les produits de la vigne (1), qui sont la plus forte branche de notre richesse territoriale après les céréales.

Ici s'impose encore des entraves créées sous l'empire du système prohibitif. Ainsi, à l'intérieur, on a constaté que le vin acquitte douze espèces de droits ou charges, commissions, transport, etc.....

C'est ce qui fait que les deux tiers de la population française sont encore réduits à boire de l'eau, pendant que nos vignobles du Centre, du Sud-Ouest, du Midi et de l'Est regorgent de vins qui, sous un régime de libre circulation, pourraient être livrés

(1) En 1866, la récolte de la vigne en France s'est élevée au chiffre de 63 millions d'hectolitres.
En 1852, la vigne a seulement produit 28 millions d'hectolitres.

à 20 cent. le litre aux contrées non viticoles et en laissant un bénéfice aux producteurs.

La moyenne de l'hectolitre, dans l'Hérault, est de 10 fr. pris sur place par le producteur. Ces mêmes vins sont payés en France, par les consommateurs, 40 fr. l'hectolitre et 50 fr. à Paris. Il a donc quintuplé en passant par la main de la régie, des courtiers, des chemins de fer, des octrois, etc...

Les producteurs estiment qu'en réduisant beaucoup les entraves actuelles, la France pourrait à coup sûr produire assez de vin de table à 15 cent. le litre.

Ce serait un immense progrès pour le bien-être général.

C'est donc à bon droit que dernièrement M. Coste s'écrie : « Etrange spectacle ! que celui d'hommes « d'une même nature qui souffrent, les uns de la « trop grande abondance d'un produit, les autres « de sa privation ! »

A l'égard de l'étranger, notre production viticole n'est pas mieux traitée.

Pendant que l'Espagne nous ferme obstinément ses barrières par des droits prohibitifs, ses vins se répandent sur nos marchés moyennant un modeste droit de 25 cent. l'hectolitre et avilissent le prix de nos petits vins méridionaux.

De son côté, l'Angleterre, cette prétendue initiatrice du libre-échange oppose des droits également prohibitifs à nos vins et à nos eaux-de-vie pour protéger les vins de Portugal, du Cap, des Deux-Siciles, de Malte, etc... dont les vignes sont des propriétés anglaises.

Notre système fiscal est donc en contradiction avec les principes de la liberté du commerce, l'énumération ci-dessus le prouve, dont jusqu'ici nous n'avons appliqué les principes qu'au profit des étrangers.

Le problème agricole, ce n'est ni plus ni moins que le problème social.

« Quand l'agriculture souffre, tout souffre, a dit « excellemment l'Empereur Napoléon III. »

En 1857, à l'ouverture des Chambres, le chef de l'Etat disait aussi dans son discours :

« Les progrès de l'agriculture doivent être un « des objets de notre constante sollicitude, car de « son amélioration ou de son déclin date la prospé- « rité ou la décadence des empires. »

La régénération rurale, en France, pivot essentiel de la prospérité agricole, est la première condition de liberté que rêve le monde politique.

Lamartine, que j'ai déjà cité, dit encore :

« Ce n'est point seulement le blé qui sort de la « terre labourée, mais la civilisation tout entière. »

Olivier de Serres, dans les paroles suivantes, nous a enseigné ce qui manque à notre éducation publique :

« Le fruit de l'agriculture étant commun et salu- « taire à toutes sortes de personnes, aussi de tous

« les hommes cette belle science doit être enten-
« due. »

Les aliments dont l'homme fait usage se divisent en substances végétales et animales. Ces dernières sont beaucoup plus nutritives, en raison de leur assimilation à nos propres tissus. Cette nourriture doit remonter bien haut, car les écrivains de l'antiquité font apparaître la chair des animaux sur la table de leur héros.

Aujourd'hui la consommation de cet aliment se généralise en France. C'est encore de la marche ascendante de l'agriculture qu'on peut attendre, qu'on doit attendre même l'abaissement du prix de la viande.

De 1700 à nos jours, le prix du blé n'a cessé de doubler que quand la viande a quadruplé.

Le produit animal de la France n'est égal qu'à un tiers du produit végétal, tandis que pour satisfaire aux besoins de nos populations, ces deux classes de produit devraient marcher de pair.

Si le prix de la viande va toujours en augmentant, c'est par la raison bien simple que la production n'est plus en rapport avec la consommation.

Ce prix, s'élevant sans cesse à Paris, suit la même progression en province, en un mot, par toute la France.

Nous dirons plus, et du reste nous l'avons prouvé, la perspective d'accroissement du prix des denrées alimentaires et plus spécialement de la viande, est à peu près certaine, entravés que nous sommes et tournant dans un cercle vicieux.

Si nous remontons à la source du mal, nous en trouvons la cause dans une concentration continue qui consomme beaucoup et produit peu, axiome que nous avons développé.

Disons en passant qu'il ne faut point trop compter sur le dehors pour l'abaissement du prix de cette précieuse subsistance dans notre pays; tout le monde est donc intéressé à ce que la production prenne un grand développement à l'intérieur, car les importations ne peuvent fournir qu'une faible part à l'alimentation publique, et puis du reste elle se trouve compensée et au delà par les exportations.

Le dernier tableau officiel contient à ce sujet les chiffres suivants :

Bestiaux et chevaux :

Importations en 1866, 80,000,000 de francs;
Exportations en 1866, 81,000,000 de francs.

Le nombre des animaux appartenant à la race bovine introduit en France, qui était de 120,000 en 1860, s'élève aujourd'hui à 135,000. La production nationale est de 15,000,000.

L'amélioration du sol est le plus grand régulateur de la production; elle est la prime d'assurance du capital d'exploitation rurale, non moins que la meilleure base de tout placement foncier.

Une population qui travaille et qui consomme se condense de plus en plus sur le même territoire; il faut évidemment que ces terres deviennent plus productives.

« Produire beaucoup sur une petite surface, a dit « avec raison M. Lecouteux, voilà le problème à « résoudre. Employer beaucoup de capital et de « travail, voilà les moyens de résoudre ce pro- « blème. »

L'amélioration de la terre se rattache intimement à celle du bétail : tels fourrages, tels bestiaux évidemment, cette amélioration doit précéder celle du bétail, comme la cause doit précéder l'effet.

Voyez, par exemple, les terres forestières ou pacagères, les moyens d'existence du bétail y sont exposés à l'inconvénient des saisons ; il passe quelquefois brusquement du régime relativement abondant à un régime de pénurie.

Dans la culture fourragère améliorante, le bétail y trouve des fourrages secs et des racines l'hiver, et des fourrages verts l'été.

Maintenant, si nous considérons les pays les moins peuplés, c'est l'agriculture forestière et pastorale qui y domine, si nous montons d'un échelon, nous trouvons la culture arable avec les jachères. Arrivons-nous aux pays très-peuplés, on se trouve en présence de la culture intensive, sans jachère, la culture où prédomine les racines, les prairies artificielles, les fourrages verts, les plantes industrielles et jardinières.

Les machines, il est vrai, se multiplient à mesure

que la terre est mieux cultivée ; mais, comme d'un autre côté, les besoins de la consommation publique augmentent, il arrive que l'extension des cultures intensives n'aura jamais trop de bras.

Les machines, je l'ai déjà dit dans la première partie de ce travail, ne peuvent point remplacer entièrement les bras, attendu qu'on a beau labourer, sarcler, biner et bien ameublir sa terre, cela ne suffit point, car il faut de l'engrais ; mais avant tout il faut du bétail.

Ce serait donc augmenter le bien-être de la France que d'y étendre la consommation de viande, car plus de viande, plus d'engrais, plus de blé, plus-value de la terre, chacun alors y trouverait son compte et notre pays, qui ne produit que 15 hectolitre à l'hectare, en produirait 30 au moins.

Si nous jetons maintenant un coup d'œil rapide sur l'agriculture française, on voit qu'elle se divise en trois parties inégales, envisagées dans ses rapports avec la diminution, le maintien ou l'accroissement de la fertilité du sol et possédant chacun un système de culture spéciale.

D'abord la culture épuisante qui vit sur le passé, et convertit en capital circulant une partie du capital foncier même.

Puis la culture stationnaire, qui ne prend rien au passé, n'emprunte rien à l'avenir ; celle-ci conserve l'équilibre entre la production et la consommation des engrais.

Vient ensuite la culture améliorante qui, immobilisant dans le sol une partie des capitaux, accroît le capital foncier non pas en étendue, mais en profondeur, en richesse, en productivité. Elle travaille pour l'avenir, et résout ce problème de concilier ses propres intérêts avec ceux du pays tout entier.

« La culture améliorante, dit encore M. Lecou-
« teux, comprend que la civilisation lui impose une
« belle tâche : celle d'accroître les subsistances pro-
« portionnellement aux besoins des populations,
« celle de réaliser la vie à bon marché par la dimi-
« nution du prix de revient des produits agricoles,
« celle de garantir la tranquillité de l'Etat par l'atté-
« nuation, si ce n'est la suppression des crises ali-
« mentaires. »

Le travail trouve aussi dans la culture améliorante ou intensive les éléments de prospérité que lui refuse la culture épuisante. En effet, qu'est-ce donc que l'absenthéisme des propriétaires ? Qu'est-ce donc que cette villégiature destinée à réaliser des économies pendant l'été pour vivre l'hiver avec plus de luxe dans les villes ?

La culture améliorante présente encore un autre avantage : ses travaux sont plus nombreux, plus variés, plus soutenus. Pendant la saison végétative, elle cultive, elle sarcle ses récoltes qui se suivent de près. Elle a ses défrichements, ses terrassements, ses drainages, irrigations, ses travaux dans les usines rurales.

Si elle accroit les subsistances, elle accroît aussi le travail ou le moyen pour l'ouvrier d'acheter ses produits et de rester plus attaché au sol. C'est donc dans ce cercle que l'agriculture doit tourner maintenant pour devenir sérieusement progressive.

L'industrie des basses-cours est aussi une des sources très-productives tant au point de vue des campagnes qu'à celui de l'alimentation publique.

Malgré l'incurie et l'ignorance qu'on apporte trop souvent dans cette partie intéressante de l'élevage, qui est la partie des plus simples comme des plus riches ménages, on évalue à 250,000,000 les produits de basse-cour livrés au commerce sans compter la consommation qui est faite par les éleveurs.

Montrons encore ici, par quelques chiffres, les avantages résultant de l'élevage des volailles, afin de provoquer et leur amélioration et leur accroissement.

Ainsi les volailles, que beaucoup de personnes négligent, sont d'une très-grande ressource; elles présentent un bénéfice d'autant plus assuré qu'elles coûtent relativement moins cher à nourrir que le bétail, parce qu'elles trouvent une partie de leur subsistance dans les cours des fermes, dans les engrais, les fumiers. Ces grains, qui seraient perdus, peuvent suffire à au moins 1/3 de leur nourriture.

L'expérience d'agriculteurs compétents estime que, dans une ferme de cent hectares, on peut entretenir 330 volailles, dont 30 coqs et 300 poules.

Ces dernières pondent chacune, en moyenne, 150 œufs la première année, 120 la deuxième et 100 la troisième ; le nombre des œufs diminuant à mesure que les poules avancent en âge, il convient de ne les garder que quatre ans. Soit donc, en moyenne, 120 œufs.

En faisant la déduction de ceux nécessaires à la reproduction, à la consommation du ménage et des œufs souvent perdus par des poules qui pondent à la dérobée, supposons qu'il ne reste plus pour la vente que 80 œufs.

Ainsi on aura : 300 poules à 80 œufs = 24,000 œufs à 5 cent........................ 1,200 fr.
Engraissement de 240 volailles à 2 fr. 50 net.............................. 600
Poulinée (8 hect. p. 0/0 à 8 fr.)....... 240

2,040 fr.

Comparons le produit de tous les animaux de basse-cour entre eux, et nous verrons le rôle que joue la volaille :

Dans une ferme de 100 hectares, le produit *brut* des vaches est de 4,381 fr., ou 43 fr. 81 c. par hectare.

Avant la baisse de 60 p. 0/0 sur les laines, celui des moutons était de 5,395, ou 53 fr. 95 c. par hectare.

Celui des volailles est de 2,040 fr., ou 20 fr. 40 c. par hectare.

Les vaches et les moutons consomment une nourriture que l'on peut vendre, tandis que l'on ne pourrait rien tirer de ce qui constitue une bonne partie de celle des poules.

Les récoltes, les produits de la terre ne sont que la transformation du fumier, la reconstitution de la nourriture qui les a produits, ou d'une denrée alimentaire équivalente.

Tout donc, dans la nature, se reproduit : les engrais par les récoltes, les récoltes par les engrais. Conserver les engrais pour les rendre à la terre, c'est donc restituer au sol une fertilité toujours croissante ; conséquemment, perdre des engrais, c'est perdre des récoltes, c'est diminuer le capital alimentaire, c'est affaiblir cette source où s'abreuve tous les besoins humains, c'est préparer les disettes et les famines.

« La loi sociale, qui défend de détruire des ré-
« coltes, dit un habile agriculteur M. Collot, de-
« vrait, pour être conséquente, obliger à la rigou-
« reuse conservation des engrais, car l'un produit
« l'autre, ne point le faire, c'est violer la loi natu-
« relle de reproduction continue qui assure toujours
« l'existence des populations. Une loi serait donc
« non-seulement désirable au triple point de vue
« de l'alimentation, de la propreté et de l'hygiène
« ou de la salubrité. »

Combien ces idées ne sont-elles point méconnues ! qu'une immense quantité de matières fertilisantes soient depuis bien des siècles perdues et que des pénuries soient devenues plus fréquentes.

On recherche, on poursuit l'or et l'argent exclusivement ; il est cependant une richesse plus précieuse, car elle reproduit annuellement par la fertilité acquise : c'est l'engrais.

Parmi les améliorations destinées à augmenter la production du sol, je dois citer aussi le moyen d'économiser annuellement 10,000,000 d'hectolitres de blé, c'est par l'emploi des semailles en lignes.

Les semailles à la volée emploient trois fois plus de grains.

On enfouit donc chaque année 9 à 10,000,000 d'hectolitres dans le sol français ou le dixième d'une bonne moyenne récolte.

Il est facile d'expliquer cette importante économie. Ainsi, le grain déposé régulièrement dans le sol occupe l'espace nécessaire pour y développer ses racines et pour y recevoir sa part d'air et de soleil dans sa partie supérieure, son enfouissement à une profondeur déterminée lui permet aussi de lever dans de bonnes conditions.

Tandis qu'au contraire, dans les semailles à la volée, une partie se trouve bien enterrée, une autre, à demi-recouverte, prête alors ses racines au dessèchement produit soit par les gelées et les intempéries de la rigoureuse saison, soit par la sécheresse de l'été, conséquence des chaleurs ; enfin, une partie restant sur le sol, est presque toujours mangée par les oiseaux ou les insectes.

Cette économie de 10,000,000, rendue annuellement au commerce, représenterait une valeur vénale de 200,000,000.

Si, à ce chiffre, on ajoutait l'économie produite sur toutes les semences en lignes, on arriverait à la somme fabuleuse de 500,000,000.

Pratiquant depuis plusieurs années les semailles en lignes, je puis donc constater *de visu* la véracité de ces chiffres incroyables, la dépense de l'instrument est couverte dès la première année par l'économie produite.

Comme palliatif à un état de choses qui provoque partout des plaintes sur la cherté des objets nécessaires à la vie, les améliorations du sol ne suffisent point; leurs effets ne peuvent guérir le malaise présent, il faut trouver un remède immédiat et le meilleur réside dans l'*association*.

Le prix du pain n'est plus en rapport avec celui du blé, et cela depuis la liberté de la boulangerie.

Depuis cette époque, la boulangerie s'alloue des bénéfices de cuisson exagérés, et de beaucoup supérieurs à ceux que lui allouent la taxe.

Le meilleur moyen de se soustraire à ces bénéfices exorbitants, consiste à établir des sociétés de consommation sur les bases suivantes : 100, 200 familles souscrivent pour l'établissement d'une boulangerie commune et achètent en commun des farines, en s'engageant à s'approvisionner de pain pendant un laps de temps déterminé, au prix coûtant, plus un minime bénéfice pour couvrir les frais généraux et amortir peu à peu le capital de la fondation.

Plusieurs villes comptent déjà des sociétés importantes de consommation, qui ont fondé des boulangeries sur ces principes, et qui en retirent l'avantage de payer leur pain beaucoup moins cher que chez les boulangers.

Il nous semble que Châlons possède une société de ce genre dont les résultats sont très-favorables.

Dans l'arrondissement de Château-Thierry, à Hagicourt, à Istre (Bouches-du-Rhône), des essais semblables ont donné les meilleurs résultats en économisant des centimes par kilo et un pain de meilleure qualité.

Voici, d'après un excellent journal agricole, la *Gazette des Campagnes*, le compte du bénéfice des boulangers calculé sur un hectolitre de blé de 28 fr. :

DÉPENSES :

Acquisition, blé, 1 hectol.	28 fr.	»
— Mouture	2	»
— Combustible et sel	1	»
Prix de revient	31	»

RECETTES :

Son vendu........................	3 fr.	»
Pain, 55 kil. 1re qual. à 45 c. le kil..... moins 1 0/0 tolérance sur le poids.	25	»
Pain, 25 kil. 2e qual. à 37 c. le kil..... moins 1 0/0 tolérance sur le poids.	10	28
	38	28
Otez......	31	»
Reste.....	7 fr.	28

de bénéfice par hectolitre.

Oui, le meilleur moyen d'avoir le pain à bon marché, c'est de créer des boulangeries coopératives ; il faudrait également que ces sociétés de coopération aient un moulin à leur disposition, les associés feraient moudre leurs grains, à prix de revient ; ils retireraient le son pour l'alimentation de leur bétail, si c'est à la campagne, et si ces boulangeries sont établies à la ville, ils vendraient ces issues en déduction du prix du pain. Si les sociétaires étaient ruraux, ils pourraient solder le pain en nature, c'est-à-dire en grains estimés au cours du marché à l'époque de la livraison. Un léger bénéfice serait perçu par les boulangers sur les acheteurs non sociétaires.

Un moulin Peugnot, véritable modèle d'un moulin agricole, coûtant 400 fr. avec son manége, puis un pétrin mécanique Dubois du prix de 300 fr., plus un four Boland à sole tournante, et quelques autres outils et accessoires constitueraient un bon matériel de meunerie et de boulangerie dont l'achat ne dépasserait pas 1200 fr.; tels seraient les moyens d'établissement économique pour ces associations.

Que 50 associés fassent l'avance de chacun 25 fr. pour faire cette acquisition, en moins d'un an ils seront couverts par l'économie réalisée sur la mouture, la confection, la quantité et la qualité du pain.

Comme les années de disette alternent inévitablement en France avec les années d'abondance, c'est dans celles-ci qu'il est sage de créer des institutions de ce genre. Quand viennent les années de disette, tout le monde regrette de n'avoir point pris de précautions à l'avance.

S'il s'agissait d'élever sur sa base un monolithe de 250,000 kilos, cent hommes, je suppose, y parviendraient en quelques jours, pendant qu'un seul homme mettrait à ce travail des siècles sans pouvoir y parvenir. Cent mille journées d'un homme, dans certaines occasions, ne donnent donc point le même résultat que les efforts réunis de cent hommes.

Voilà, en deux mots, l'image de l'association! voilà le levier économique, la force collective! Il y a donc toujours intérêt à se réunir, soit pour produire, soit pour consommer.

En ce qui touche l'alimentation publique, il faut épargner aux subsistances tous les frais inutiles, les frais nécessaires étant déjà considérables.

Après le pain, le premier des aliments humains,

nous avons à parler de la viande, qui est le second, le plus vivifiant. Il est d'abord une considération qui certes mérite d'être placée ici, tant à cause de son importance morale qu'au point de vue physique ou économique.

Le culte catholique, chacun le sait, est le seul de l'Etat. Parmi ses lois, l'Eglise catholique oblige à un certain nombre de jours d'aliments maigres. Eh bien! si ce commandement était bien observé par tous les chrétiens qui forment la grande majorité du peuple français, quelle énorme quantité de viande serait rendue à la consommation! Si l'abstinence du vendredi seulement était bien respectée, ceci ne nous économiserait-il point déjà un *septième* sur les 100,000,000 de kilos consommés annuellement!

Et certes, l'espèce humaine ne s'en porterait pas plus mal, bien au contraire, elle aurait tout à y gagner.

De même que le pain, le prix excessif de la viande est bien loin d'être en rapport avec celui des animaux vivants. Ce sont les marchands et les bouchers qui prélèvent un bénéfice hors ligne sur les éleveurs et les consommateurs.

A la vue de ces profits plus exagérés même que pour le pain, il me paraît opportun d'établir ici le compte du boucher parisien. Nous devons dire préalablement que le nombre des bêtes à cornes en France, s'élève à 11,343,000 têtes, dont 4,000,000 de vaches, plus 3,000,000 de veaux.

On tue 2,500,000 veaux, 1,500,000 bêtes à cornes. Ces 4,000,000 de têtes donnent 400,000,000 de kilos, tandis qu'en Angleterre, sur 8,000,000 de têtes, on en abat 2,000,000, qui donnent 5,000,000 de kilos. La différence de cette supériorité anglaise provient de ce que dans ce pays, on ne tue ni autant de veaux, ni autant de vieux bœufs, et c'est cette proportion qui lui donne une meilleure situation économique.

La trop grande consommation de veaux tend naturellement à diminuer la somme totale de la viande et à élever son prix. Ainsi, si au lieu de tuer des veaux de 100 ou 200 kilos, non-seulement en les gardant plusieurs années, on augmenterait leur poids de viande, mais encore on les emploierait à la reproduction, tandis qu'en en sacrifiant la majeure partie à deux ou trois mois, on arrive conséquemment à amener la rareté de la viande et l'accroissement de son prix.

Il a été prouvé, par des rapports officiels, à la suite de l'enquête en 1851, que les bouchers parisiens pouvaient vendre la viande au détail 10 cent. de moins par kilo qu'ils ne l'achètent, en raison du bénéfice qu'ils réalisent, les issues, la peau, etc., connues sous le nom de cinquième quartier. (Rapporteur, M. Boulay de la Meurthe.)

Or, le cours moyen des mercuriales portait la viande à 1 fr. 40, et ce prix est fictif, parce que les bouchers ont intérêt à augmenter la valeur du bétail sur pied pour s'autoriser à vendre plus cher au détail.

En admettant ce chiffre, le prix moyen de la vente à l'étal a été de 1 fr. 98, c'est-à-dire 58 cent. en plus du prix d'acquisition au lieu de 10 en moins.

Voici le compte du boucher établi sous une autre forme :

Prix d'acquisition, 1 fr. 40.

Prix de vente à l'étal..................	1 fr. 98
Bénéfices du 5e quartier, au cours réduit d'un sixième......................	34
	2 fr. 32

Mentionnons maintenant les bénéfices occultes qui s'ajoutent à ce chiffre de 2 fr. 32. Ce sont les réjouissances imposées à l'acheteur, environ le 1/4, souvent le 1/3 de la pesée, les substitutions de catégorie à l'autre, 40 cent. par kilo; la vente au fondeur de suifs, de degrais d'étal, environ 15 fr. par bœuf, des graisses et peaux pesées à la pratique au prix de la viande et jetées au panier, puis revendues une deuxième fois : environ 10 kilos par bœuf à 1 fr. 20. Au total 25 kilos formant un bénéfice de 49 fr. 80 par bœuf, ou 14 cent. par kilo; les rognons, les faux filets, dont le poids normal est de 20 kilos, et auxquels s'ajoutent 20 autres kilos empruntés aux trois premières catégories, le tout vendu à 3 fr. le kilo (1).

(1) En 1820, le bœuf, à Paris, valait de 55 à 60 centimes la livre.
En 1841, id. 70 à 70 id.
En 1869, il est plus que doublé, oui, plus de cent pour cent d'augmentation.

Puis, enfin, l'habileté avec laquelle les viandes sont manipulées, de manière qu'il ne reste jamais de morceaux de la quatrième catégorie et presque point de la troisième, ce qui fait encore 1 fr. par kilo sur la quatrième.

« Il faut ajouter, dit M. de Dampierre, la substi-
« tution de la viande de vache à celle de bœuf,
« quand l'écart entre ces deux viandes est de 48 à
« 50 cent. Tous les bouchers tuent des vaches, 35
« à 40,000 par an à Paris. Cette viande est aussi
« fine et aussi bonne que celle du bœuf, et jamais
« on ne trouvera de viande de vache chez les bou-
« chers; ils repoussent cette demande comme une
« injure. C'est que cette viande est transformée en
« bœuf dès qu'elle paraît à l'étal, et cette substitu-
« tion frauduleuse constitue un bénéfice net de
« 149 fr. 54 par vache abattue. »

Voyons, en présence de ces bénéfices énormes, les frais à déduire :

Prix d'achat.........	1 fr. 40	
Droits municipaux....	»	12 34
Droit d'abattoir......	»	8 50
	1 fr. 60 84	

L'importance des issues au cinquième quartier se décompose ainsi :

126 fr. 90 c. par bœuf de 345 kil. de viande net, ou 36 cent. 78 par kil.;

75 fr. 90 c. par vache de 220 kil. de viande net, ou 34 cent. 5 par kil.;

29 fr. 30 c. par veau de 68 kil. de viande net, ou 43 cent.;

11 fr. 60 c. par mouton de 18 kil. de viande net, ou 64 cent.

Ce cinquième quartier n'entre pas moins, dit le même écrivain agricole, pour 18 à 20,000,000 dans le bénéfice des bouchers parisiens seuls!

Ces cours étant plus élevés aujourd'hui, les bénéfices sont encore plus forts.

A la vue de ces gains exagérés, quelques éleveurs du Calvados ont eu l'heureuse idée de se mettre en lieu et place des marchands et des bouchers, en établissant des abattoirs pour leurs animaux, dont ils envoient la viande toute prête sur le marché de Caen.

Depuis cette époque, producteurs et consommateurs sont satisfaits.

Les éleveurs réalisent un plus fort bénéfice tout en faisant payer moins cher le consommateur (1).

L'absence de toute concurrence sérieuse est donc la cause qui enhardit les bouchers.

Pour faciliter ces rapports, il faudrait que les compagnies de chemins de fer abaissassent le taux du transport à grande vitesse des viandes abattues, car ces frais grèvent lourdement aussi le prix des

(1) A Londres, où il se consomme trois fois plus de viande qu'à Paris, les cinq sixièmes des animaux sont abattus dans les contrées d'élevage ou d'engraissement et la viande n'y est pas plus cher qu'à Paris, tandis que les animaux sur pied rapportent beaucoup plus aux éleveurs qui les font abattre à leur compte.

objets de consommation ; il nous semble que la Compagnie de l'Est a déjà pris une mesure semblable à l'égard du pain.

Des mesures analogues ne peuvent donc manquer d'être prises par les autres compagnies, non-seulement pour le pain et le vin, mais pour la viande qui est après le pain la nature alimentaire la plus considérable.

L'abaissement du prix des transports sur les denrées ramènerait infailliblement une augmentation de trafic qui maintiendrait le chiffre de recettes de ces compagnies.

Les postes et les télégraphes en ont fait l'expérience. Comment douter qu'une expérience semblable fût aussi fructueuse pour les chemins de fer ?

Quoi qu'il en soit des justes plaintes au sujet de l'accroissement du prix de la viande, il est un fait trop certain, c'est que dans ces prix excessifs qui pèsent si lourdement sur la consommation, la moindre part est pour les producteurs, la part du lion est pour les intermédiaires, acheteurs, commissionnaires, courtiers, racoleurs de bandes, négociants, expéditeurs, chévillards et enfin bouchers d'étal.

Avec autant d'intermédiaires, en effet, qui se paient de leurs mains, comment espérer la viande à bon marché.

En Normandie, il existe également des boucheries coopératives, c'est-à-dire établies par associations d'éleveurs et de consommateurs, qui mettent en commun les fonds nécessaires pour établir et installer des abattoirs avec tous leurs accessoires.

La société perçoit, sur chaque tête abattue, un droit minime qui, en se répétant sans cesse, ne tarde point à rembourser les fondateurs de leurs avances, et même de leur procurer un bénéfice sérieux comme actionnaires, outre les abats et les débris qui servent à fabriquer d'excellents engrais.

L'expérience le prouve, le moyen le plus certain pour faire baisser immédiatement le prix de la viande réside dans l'association, tout en payant plus cher à la production, mais association surtout entre producteurs et consommateurs, pour créer des boucheries où les animaux seraient abattus et débités à des prix raisonnables, au compte des éleveurs qui en toucheraient intégralement le prix, sans avoir à compter avec d'onéreux intermédiaires.

Une boucherie de ce genre, qui fonctionne depuis 1867 à Ploërmel, donne les meilleurs résultats, à la satisfaction des habitants, et il va sans dire *au désespoir des bouchers*. Ces derniers, voyant toutes leurs pratiques les abandonner, se sont vus obligés de vendre leur viande au même prix et de même qualité.

Son rapporteur, publiait il y a quelque temps, dans le *Journal agricole* cité précédemment, qu'en vendant le bœuf à 60 cent., le veau 45 et le mouton 75, ils ont pu donner 18 p. 0/0 à leurs actionnaires.

La Société est constituée au capital de 5,000 fr. divisés en actions de 50 fr., ses frais généraux s'élèvent à 2,600 fr.

Nous devons ajouter que chacun des sociétaires accompagne à tour de rôle le boucher pour l'acquisition des animaux nécessaires.

Un comptable, attaché à l'établissement, inscrit chaque jour et devant l'acheteur : 1° la quantité de viande vendue ; 2° son prix ; 3° le nom du consommateur, de sorte qu'il est complétement impossible aux cuisinières de faire danser l'anse du panier.

Une boucherie analogue est établie près de Pau. Comme à Ploërmel, cette boucherie vend sa viande beaucoup meilleur marché et donne au producteur également un beau bénéfice.

Ainsi, défalcation faite des frais généraux, d'octroi, d'abattage, et cette société, suivant le rapport que j'ai sous les yeux, donne un bénéfice de 14 p. 0/0 aux éleveurs, 6 p. 0/0 aux actionnaires et 10 p. 0/0 aux consommateurs.

Nous ne connaissons pas de meilleur argument pour démontrer l'utilité des associations de production et de consommation. L'équilibre s'établissant, nous le répétons, chacun alors, producteur et consommateur, y trouve son compte.

Nous avons en France, dans les Alpes, les Pyrénées, la Bretagne, etc., des populations qui ne manquent point de froment, mais du pain fait avec des grains inférieurs et autres matières, des populations qui ne mangent de la viande que les jours de fête, des populations chez lesquelles le sucre n'est connu que comme médicament, et où le vin est un régal exceptionnel !

Oh ! si nous pouvions ouvrir ces vastes débouchés intérieurs à nos céréales, nos viandes, nos sucres et nos vins, comme nos agriculteurs, vignerons, producteurs et consommateurs s'en trouveraient bien !

Les exportations deviendraient rares, même dans les années d'abondance, parce que nous mangerions et que nous paierions nous-mêmes à nos producteurs ce qu'ils ont de trop.

Nous enverrions moins de viande, moins de volailles, moins d'œufs et moins de beurre sur le marché de Londres (1).

Nos sucres, consommés en quantité plus considérable, feraient augmenter le nombre des sucreries et diminuer son prix.

Aujourd'hui donc, il est évident que c'est la production animale qui doit être le pivot, la base de toute exploitation rurale, et que le principal effort de tout éleveur doit tendre à avoir sur pied le plus grand nombre possible d'animaux de boucherie.

La vie à bon marché n'est possible que pour les

(1) Le dernier tableau d'exportation porte à 111 millions le chiffre de beurre, fromage et œufs expédiés en Angleterre en 1866.

Nous ajouterons que les Anglais viennent maintenant acheter nos fruits non-seulement sur nos marchés, mais dans le cœur de la France chez les producteurs mêmes. De là, le rareté des beaux fruits, ce qui devrait naturellement nous exciter à nous adonner davantage à l'arboriculture.

peuples qui produisent leur alimentation. Chercher ailleurs la solution du problème, c'est perdre son temps.

En somme, *multiplions, améliorons et associons-nous* pour produire comme pour consommer. Toute la solution de l'important problème et la conclusion de notre travail se résume dans ces trois mots.

En France, sur une contenance totale de 53 millions d'hectares, 43 millions sont productifs, 4 millions susceptibles d'être irrigués, 600 mille de marais attendant le drainage pour produire, plusieurs autres millions susceptibles de productions faciles par les plantations, les reboisements, soit environ 8 millions d'improductifs qui, s'ils étaient améliorés, assainis, enfin appropriés à la culture, augmenteraient dans une proportion notable la richesse publique, le bien-être général.

En résumé, il nous reste donc beaucoup à faire en agriculture. Multiplions toutes les céréales, les plantes sarclées dont usent les hommes et se nourrissent les animaux.

Appelons à nous les végétaux, qui sont la providence des pays lointains, et qui peuvent devenir nos puissants auxiliaires. Perfectionnons nos assolements et nos instruments agricoles.

Etendons nos prairies et couvrons-les de bétail ; mettons un champ là où il se rencontre une lande, une bruyère. Nous n'obtiendrons jamais toutes ces résultantes du travail et de l'intelligence, que Dieu créa de fécond et d'utile, pour le bonheur de l'humanité, que par l'*association* et la force heureusement combinée, et la première des associations, c'est la *famille,* la famille nombreuse surtout qui donnera des milliers de robustes travailleurs à nos sillons qu'on ne peut déserter impunément.

N'avons-nous pas, sur notre beau sol de France, près de nos moissons d'épis et de fleurs, d'autres moissons vivantes et portant la prospérité de l'avenir ?

2993 — Châlons-sur-Marne, imp. Le Roy.

www.ingramcontent.com/pod-product-compliance
Ingram Content Group UK Ltd.
Pitfield, Milton Keynes, MK11 3LW, UK
UKHW020949180726
13838UKWH00003B/1209